꼬마탐정 차례로 카나본 영재 학교와 파라오의 검

法老之劍的失蹤事件

科學天才小偵探③

金容俊 김용준 著

崔善惠 최선혜 繪

吳佳音 譯

登場人物

車禮祿

十三歲，科學天才，凡事講求以科學的方式分析。爸爸媽媽前往無人島後，和爸爸的朋友羅迪博士一起生活。

羅迪博士

文化遺產及人類學的專家。討厭被叫「羅單身」，雖然對事情沒什麼主見又懶散，但在危機之中充滿義氣。

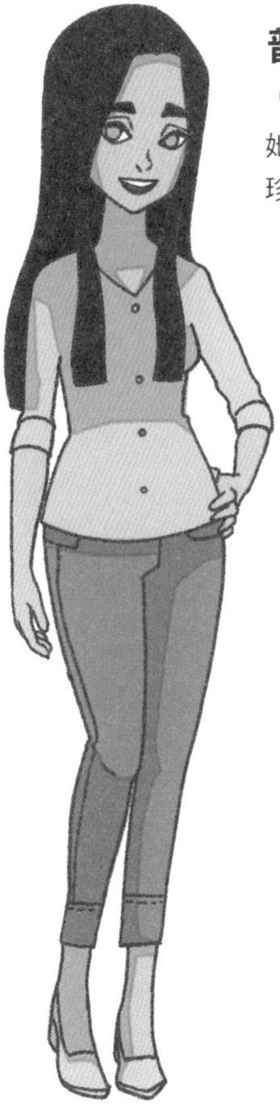

普莉斯汀．穆巴拉克

（Pristine Mubarak，29歲，英國、埃及雙國籍）

她是卡那封資優學校負責學生生活教育的老師，真心珍惜被同儕忽視的馬內克。

蘿西．赫伯特

（Rosie Herbert，13歲，英國籍）

卡那封資優學校的學生會長。對
言、科學等不同的科目皆展現出極
的天分，同時她也是卡那封資優學
理事長的小女兒。

馬內克．安貝德卡

（Maneck Ambedkar，13歲，印度籍）

數學天才。以印度種姓制度來說，他屬於被排除四大種姓之外最低階的賤民，因得到國家獎學金而進入卡那封資優學校。

凱爾．布蘭克費恩

（Kyle Blankfein，13歲，美國籍）

工程天才。美國大企業老闆的第三個兒子，像棒球選手一樣嚼著口香糖，無視馬內克的存在。

大東．俊介

（Daito Shunsuke，13歲，日本籍）

化學天才。鈕扣要全部扣上才放心，常常跟著凱爾。

喬治．赫伯特

（George Herbert，第八代卡那封伯爵，62歲，英國籍）

蘿西的爸爸，為了蘿西設立卡那封資優學校。從伊莉莎白一世起，壟斷英國皇室的馬匹管理，擁有豐厚的財產。

約翰·威克里夫

（John Wycliffe，51歲，英國籍）

卡那封資優學校的校長。努力維持自己的身分地位，追求權力和慾望。

伽馬爾將軍

（Gamal Al Din Mohammed Hosni Mubarak，55歲，埃及籍）

埃及獨裁者胡斯尼·穆巴拉克總統的次男，原本打算從父親那裡繼承職位卻失敗了。為了重新找回權力，正在醞釀對抗塞西總統的力量。

史密斯·約翰

英國國家犯罪調查局的高級探員，總是穿著黑色的西裝。

圖坦卡門法老的短劍

圖坦卡門法老

（Tutankhamun，西元前1341年～西元前1323年，埃及）

圖坦卡門法老的黃金人形棺

圖坦卡門是古埃及第十八王朝的第十二任法老。西元前1332年就任法老，當時他大約只有九歲，上位十年後，於西元前1323年去世，所以圖坦卡門又被稱為「命運悲慘的少年王」。

圖坦卡門法老被發現的時候，左腳嚴重畸形。一開始學者們認為圖坦卡門是因為從戰車上摔下來，被馬踢死的。但也有學者認為，他因處於權力鬥爭的時代，被當時握有大權的人毒死的。

為了延續尊貴血統，古埃及皇室中盛行近親通婚，近親結婚可能會有基因缺陷的問題。圖坦卡門的爸爸和媽媽，原本是哥哥和妹妹的關係。

圖坦卡門法老的黃金面具

圖坦卡門因為遺傳的問題，雖為男兒身，卻有著女性的骨盤，牙齒也有問題，腳有先天性向內彎的馬蹄內翻足。圖坦卡門雖年輕，卻需要使用拐杖行動。圖坦卡門法老的陵墓中也發現約有一百三十根拐杖。

近幾年埃及、義大利、德國的學者聚在一起研究發現，透過遺傳檢查和電腦斷層掃描，進行了約兩年的調查，結果顯示圖坦卡門因罹患惡性瘧原蟲（瘧疾原始寄生蟲）而死。

圖坦卡門法老的短劍

霍華德·卡特（Howard Carter, 1874～1939）

英國考古學家霍華德·卡特發現了圖坦卡門法老的陵墓。這項考古行動是由英國卡那封家族的第五代卡那封伯爵喬治·赫伯特所贊助的。

1923年，霍華德·卡特在大約3300年前建造的陵墓中，找到圖坦卡門的棺木，共七層的棺木裡，最內層的黃金人形棺內，即為圖坦卡門法老的木乃伊，鑲有各種華麗寶石的首飾。

圖坦卡門的腿上有兩支短劍，分別以鐵和黃金製成，其中用鐵做的劍讓學者們大吃一驚，即使過了這麼久的時間，沒有任何生鏽的痕跡。

古埃及把鐵稱作「Bia-n-pet」，是「天堂的驚奇金屬」的意思。古埃及時代認為從天上掉下來的隕石是神賜的禮物。古埃及人利用隕石中的鐵製成劍後，獻給被視為神的法老。

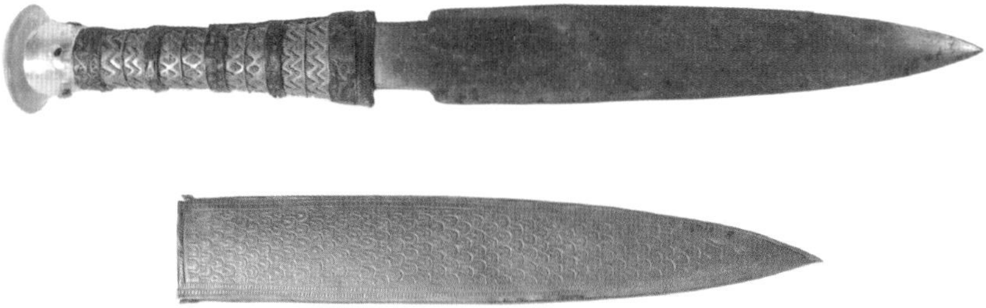

圖坦卡門的短劍（由隕石中的鐵製成）

現代學者分析了鐵製的劍。鐵劍不只有鐵的成分，還包含了隕石中鈷和高濃縮鎳成分。學者們考察埃及紅海附近2,000公里內曾掉下的隕石，並將隕石成分和短劍做比較，結果顯示一顆名為哈里杰隕石（Kharga）與圖坦卡門的短劍成分相似。

西元前4000年，人類開始以金、銅等金屬製作工具，後來鐵製工具才被廣泛使用。圖坦卡門雖處於青銅器時代，但顯而易見的是，當時已經有專業的鐵匠，從隕石中冶煉鐵的成分，進而製作出鐵製品。

古埃及人將天空視為鷹頭神荷魯斯的臉，天空和太陽對他們來說也是神，所以從天上掉下來的隕石，被視為神賜予的禮物。

目錄

序幕

七月，英國卡那封資優學校的禮堂正舉辦著休業式，講臺後面的牆上，高高掛著埃及法老圖坦卡門的短劍，並閃閃發光。

威克里夫校長走上講臺，拿起麥克風說話。

「這個學期大家都辛苦了，暑假期間請回家好好的休息，但是特訓班的學生需要留在學校，叫到名字的學生請到前面來。」

「工程天才凱爾、數學天才馬內克，還有化學天才俊介，最後是設立我們學校的卡那封伯爵家中的女兒，蘿西．赫伯特。」

禮堂響起熱烈的拍手聲，威克里夫校長繼續說著。

「啊！另外特別邀請到一位韓國來的學生，他的名字叫做車禮祿，就是找到《在亞爾的臥室》的那位。接下來請蘿西代表致詞。」

蘿西站在講臺上，手指著禮堂高處、掛著圖坦卡門短劍的地方。

「如同三千多年來沒有生鏽、法老的劍一般……，我們會盡力做到最好，讓我們記載在歷史中。」

學生們響起雷鳴般的掌聲。

「果然！蘿西就是蘿西！」

休業式一結束，人群紛紛四散。赫伯特理事長走向停車的地方，校長小跑步的跟上前。

「校長，我們蘿西表現得不錯吧？」

「當然！當然！蘿西每個科目都很出眾。」

「那真是太好了，暑假期間也麻煩您多多關照了。」

「您太客氣了，可是您不跟女兒見一面再離開嗎？」

「沒關係。」

理事長坐上車、搖下窗戶說道。

「法老的劍要好好保管，最近那把劍的價值飆升，記者們都說那

是宇宙來的劍呢！」

「請放心，它不只高掛在手摸不到的地方，更有攝影機二十四小時監視著。」

理事長的表情變得冷冰冰的。

「要是劍有什麼問題，你要有心理準備。」

校長頓時口乾舌燥，緊張的點點頭。

1 熱鬧的卡那封資優學校

車禮祿打開教室的門走了進去，教室的中間有一張圓桌，圓桌周圍有五張椅子，其中的三張已經有人坐了，於是車禮祿走向另一張空的椅子。

「那是我的位置！」

金髮的男孩大聲說，他是凱爾，車禮祿一聽準備坐到旁邊的位置。

「那裡是我的位置。」

凱爾一邊嘴角上揚，一邊嚼著口香糖，凱爾旁邊的俊介則摀著嘴巴憋笑。就在此時，蘿西走進教室。

「凱爾，別幼稚了。嗨！車禮祿！」

蘿西走向車禮祿，給了他一個擁抱。車禮祿微笑的對她說：「好久不見。」

見到這一幕的凱爾自言自語說著。

「原來是韓國來的那小子。」

車禮祿和蘿西坐了下來，有個雙眼皮的孩子看著車禮祿嘻嘻嘻地

笑了笑。

「很高興認識你，我是印度來的馬內克。」

「很高興認識你。」

車禮祿準備跟馬內克握手，這時凱爾大叫著。

「他是印度的賤民！在他們國家只能從事非常基層的工作。」

馬內克感到難為情，車禮祿無視凱爾的話，還是跟馬內克握手。

俊介大叫道。

「好髒喔！趕快去洗手！」

「你們到此為止吧！」蘿西用低沉的聲音說。

蘿西的聲音雖小卻很堅定，在卡那封資優學校中，連老師們對待她都十分小心翼翼，因為她是卡那封資優學校創辦人理事長的女兒。

「真不好意思，他們不太會為別人著想。」蘿西對車禮祿說。

「沒關係啦！我無所謂。」

凱爾不服氣的看著車禮祿。這個時候，普莉斯汀老師走了進來。

「各位同學，有向新來的朋友自我介紹嗎？」

「那小子摸了馬內克的手，很髒欸！」俊介大聲的說。

普莉斯汀老師露出非常惋惜的表情。

「俊介，你對朋友不應有差別待遇。」

普莉斯汀老師指著門的方向。

「新來的考古學老師來了，是從韓國來的羅迪老師。」

羅迪看著普莉斯汀老師，不禁臉紅了。普莉斯汀老師有著藍色的眼睛和黑色的頭髮，看起來是混血兒。看見羅迪的模樣，車禮祿無奈的搖搖頭。

普莉斯汀老師笑著說。

「我和羅迪老師會全天二十四小時照顧大家的生活，請各位同學好好配合我們。」

「明天開始要正式上課了，第一堂課的主題，上週已經告訴大家，

明天將會進行雞蛋落下的實驗。」

羅迪抓了抓頭問道。

「雞蛋嗎？雞蛋當然要拿來煮啊！為什麼要做讓蛋掉落的實驗？」

「羅迪老師應該要先看過教案吧！第一個主題是讓雞蛋掉下來而不破掉，每個學生要發揮所長不讓蛋破掉。」

「高度呢？雞蛋會從多高的地方掉下來？」車禮祿舉手提問。

普莉斯汀老師點點頭。

「車禮祿今天才來所以沒有聽到，是從禮堂三樓的座位區往下掉落的高度，車禮祿可以不用做這個實驗。」

「如果沒有其他的問題，大家可以回宿舍休息了。蘿西，請妳向車禮祿介紹學校的環境。羅迪老師，現在請跟我走。」羅迪開心的笑著，跟在普莉斯汀老師後面，並看著車禮祿揮手打招呼。

「是認識的人嗎？」蘿西走向車禮祿問。

「嗯，我們一起來的。」

凱爾和俊介先離開教室。蘿西對車禮祿說：

「車禮祿，你和馬內克住同一間房間，我們一起走吧！宿舍就在左邊而已。」

2 宿舍房間的祕密

宿舍的一樓有餐廳和合作社，二樓是老師的宿舍，資優班學生則使用三樓的宿舍。因為現在是暑假期間，所以看不到其他的學生。

車禮祿、蘿西和馬內克一起走到房間門口。

「我的房間在走廊最底端，男生宿舍和女生宿舍中間有一道門，晚上的時候，兩邊的宿舍是互不相通的，那麼待會晚餐時間見了。」

蘿西揮揮手後便離開了。

「跟我用同一間房間沒關係嗎？」馬內克對車禮祿說。

「我的身分是賤民，其他人都不會跟我靠太近。」

「喔，跟我在一起的時候請不要在意這件事。」

車禮祿朝著上下鋪的床走過去，下面的床是馬內克使用的。車禮祿爬著梯子到上鋪，床尾的牆壁上有一個小小的四方型通風口，上面蓋著一個塑膠蓋子。車禮祿放下包包，正看著通風口時，下方的馬內克叫著：

「車禮祿，晚餐時間到了。」

餐廳裡有著大片的玻璃窗，車禮祿和馬內克走了進去。蘿西坐著的那桌，凱爾和俊介已經開始吃飯了。蘿西看到車禮祿，對他揮揮手，車禮祿和馬內克一起走到餐桌旁。

這時羅迪走到車禮祿和馬內克的中間，張開雙手摟著他們的肩膀。

「欸欸欸，不吃飯在做什麼呢？」

過了一會兒，車禮祿和馬內克拿著餐點，和羅迪一起走到其他桌子用餐了。羅迪邊吃起司麵包邊說：

「車禮祿，來英國來對了吧？託你的福，我還得到了一個工作。」

一陣子後，普莉斯汀老師也端著餐盤來到車禮祿旁邊，坐了下來。

「車禮祿，跟朋友們打過招呼了嗎？」

「有的。」

普莉斯汀老師溫柔的微笑著，拍拍馬內克的背。

「馬內克也多吃一點喔！」

「好的。」

晚餐結束後，車禮祿回到宿舍，躺在床上。車禮祿正和馬內克聊天的時候，不知道從哪裡發出了聲音。

叩叩叩！

原來聲音是從通風口傳出來的，車禮祿起身看著通風口，通風口裡面好像有什麼東西在動。

「老、老鼠啊！」

車禮祿唯一討厭的動物就是老鼠了，他緊張的一時不知道該怎麼辦。

「老鼠？不是白鼠嗎？」

馬內克爬上梯子到車禮祿旁邊，並往通風口看，馬上笑著把蓋子打開來。

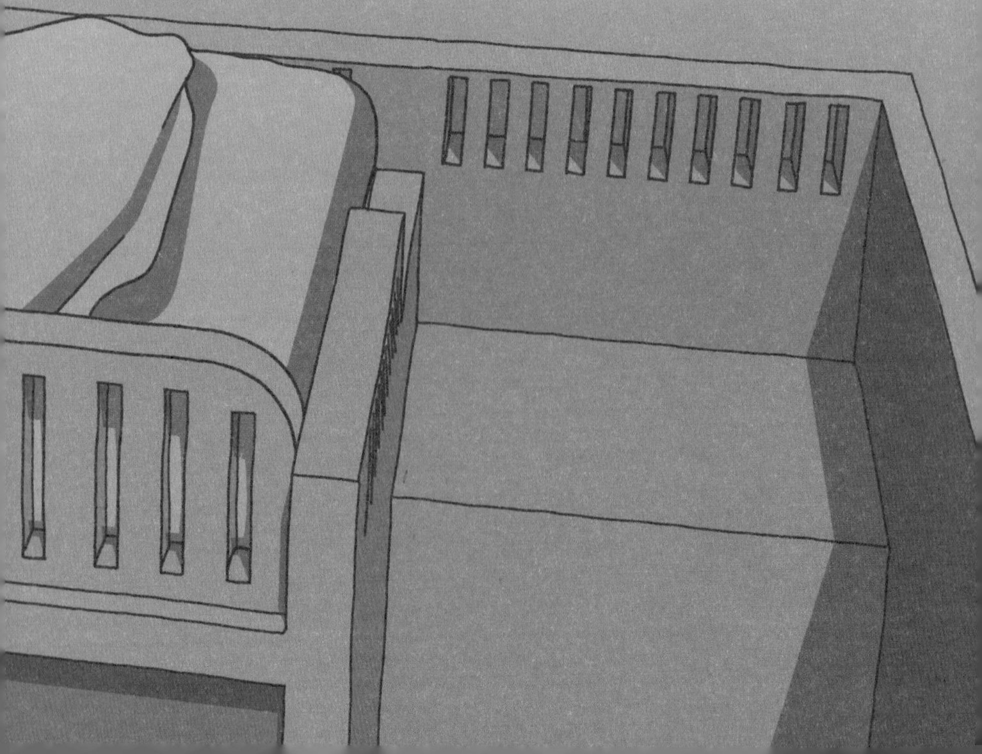

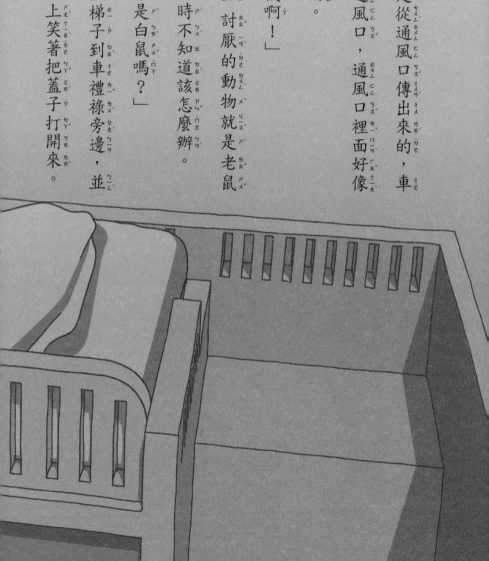

「啊，不要開！不要開啦！」

馬內克一打開通風口的蓋子，一隻大白鼠便探出頭來，而牠的背部綁著一個方形的小東西。

「這是蘿西養的白鼠。」

馬內克打開白鼠背上的東西，是一塊巧克力。

「如果有人欺負我，蘿西就會在白鼠的背上放一塊巧克力或糖果，託牠送來給我。」

白鼠從馬內克的膝蓋跳下來，準備朝車禮祿奔去，車禮祿思索著並唸唸有詞。

「白鼠不可怕，不可怕。」

馬內克笑著，把白鼠放回通風口。

「這樣的話，牠就走了嗎？」

「對啊，蘿西在另一邊放著食物等牠呢！」

直到馬內克蓋上通風口的蓋子，車禮祿才放鬆下來。

「馬內克，因為我小時候曾在實驗室裡被老鼠咬過，所以才會這麼緊張。」

馬內克沿著梯子爬下去後，關上了燈。暗暗的房間裡，躺在床上的車禮祿和馬內克討論起隔天的課程。

「車禮祿，你明天的雞蛋不破的實驗怎麼辦？我們從上星期就開始準備了，為了讓雞蛋從禮堂三樓的高度掉落而不會破掉，我準備使用很多的吸管。先將雞蛋包住，然後再用橡皮筋固定，這樣當雞蛋碰到地面的瞬間，就會有緩衝區。」

馬內克說了很多學校的事，還有他最喜歡學校的普莉斯汀老師，過了一陣子，馬內克不再說話了。

「應該是睡著了吧！」

車禮祿從前一天就搭著飛機，來到這個遙遠的國度。不知不覺的，他也進入了夢鄉。

3 出動無人機做實驗

早晨七點，宿舍裡響起了古典音樂。八點的時候，陸陸續續有三明治早餐送到學生的房間。車禮祿和馬內克用完餐，一起前往科學室。

科學室裡，老師的位置上坐著正在打盹的羅迪。

車禮祿看到羅迪，歪著頭問道。

「博士為什麼在這裡呢？」

「科學室裡有許多危險的物品，所以老師們會輪流看管。」馬內克對車禮祿說。

發現周圍有動靜的羅迪，猛然張開眼睛。

「校長，我沒有睡著。啊！原來是車禮祿和馬內克。」

「車禮祿，這個科學室什麼都有喔！」

車禮祿東張西望的看著，寬敞的科學室裡，被隔成好幾間。研究所或大學裡才看得到的特殊器材，這裡也都有。

羅迪自言自語的說：

「好像是因為需

要考試，所以有學生過來。」

「還有誰也來了嗎？」

「嗯，剛剛來的人好像是俊介。」

馬內克看著羅迪。

「俊介很喜歡化學，所以常常來這裡。」

「原來如此！可是他剛剛說要類似硫酸的東西。」

「硫酸？」

「對啊，他向我要了硫酸、硝酸和纖維素。」

「硫酸和硝酸不是危險的東西嗎？」車禮祿說。

「所以我說不能給他，可是他剛剛和化學老師好像在做硝化纖維吧！」

「啊，他離開之前還要了一些氦氣。」

馬內克看著車禮祿問：

「硝化纖維？」

車禮祿輕輕的笑了一下說：

「又稱為閃光紙，變魔術的時候常會用到，瞬間燃燒後就消失了。」

「啊！我有看過只要把花點燃，花便消失的魔術。」

「對！那個花就是用閃光紙做成的。」

「那個女學生也來了。」羅迪說。

「喔，蘿西嗎？」

聽車禮祿一說，羅迪點點頭。

「不知道是什麼時候來的，俊介走了之後，她才從化學老師的實驗室出來。」

「蘿西是理事長的女兒，可能是老師找她來的。」馬內克說。

車禮祿用手撐住下巴沉思。羅迪說著。

「你們今天不是要做雞蛋不破的實驗嗎？我也該走了。」

「喔，對了，有乙酸嗎？」車禮祿問。

「乙酸？有冰醋酸。可是因為危險，沒辦法讓你帶離開實驗室。」

「那請給我食醋，濃度要高一點的。」

車禮祿拿著塑膠瓶，和羅迪、馬內克一起走向禮堂。蘿西、凱爾和俊介正等著他們。

普莉斯汀老師走進禮堂。

「來，今天我們要進行的是雞蛋從高處落下不破的實驗。」

普莉斯汀老師帶著大家走到三樓。羅迪沒有一起上去，他留在原

地往上看。每個學生各自找到自己的位置後，普莉斯汀老師說話了。

「來，第一個是馬內克！」

馬內克從袋子裡，拿出自己做的實驗用具。

「為了減少撞擊力，我用橡皮筋綑住很多根吸管，然後做成這個塑膠球。」

「快點進行實驗啦！」凱爾大叫著。

普莉斯汀老師向前走了一步。

「凱爾，請你安靜。馬內克，請準備開始。」

車禮祿看了馬內克的實驗用具，默默的搖了搖頭。

「撞擊時產生的力量會不規則的分散，雞蛋很可能會破掉。」

馬內克放手讓裝有雞蛋的塑膠球，往下落到地面上，塑膠球彈了幾下後才停住。普莉斯汀老師往下詢問：

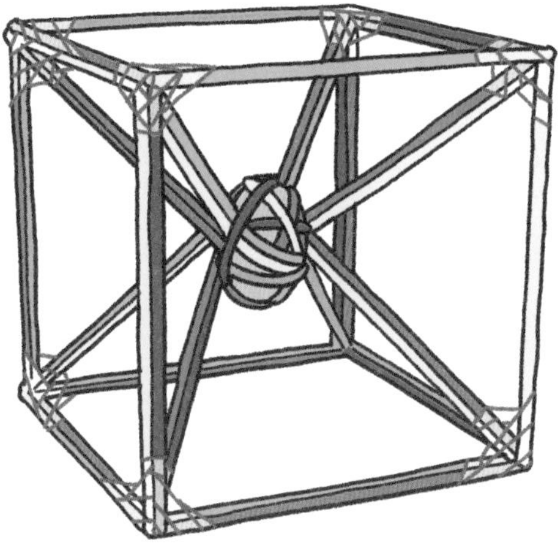

「羅迪老師，雞蛋還好嗎？」

羅迪抬頭大喊：

「很遺憾的，雞蛋破了。」

馬內克露出一副快哭出來的表情。

「練習的時候沒有破……」

凱爾嘲笑著馬內克，同時從包包

拿出東西來，是無人機。凱爾在無人機的起落架掛上籃子，還放入五顆雞蛋進去。

凱爾以手機遙控無人機，無人機在空中飛行後，緩緩的降落地面。

「凱爾，太棒了」

俊介拍著手。羅迪從下面大喊著。

「雞蛋全部平安無事，但是這樣也可以嗎？」

普莉斯汀老師看著凱爾搖搖頭。

「凱爾，我們說過不能使用動力，這麼做成績是不及格的。」

「什麼？這個無人機是我自己做的啊！」

凱爾翹著嘴巴，自顧自的走到後面去滑手機。只見裝有雞蛋的無人機再次飛向空中，並朝著馬內克的方向飛去。

「啊！啊！」

馬內克雖然已經向後退開，但還是太遲了。無人機上掛著的籃子掉在馬內克的頭上，黃色的蛋液從他的頭和肩膀流了下來。

「凱爾！你在做什麼？」

「哈哈，不小心按到的啦！」

普莉斯汀老師拿出手帕幫馬內克擦一擦。

「老師的手帕髒了，我去廁所洗一下。」

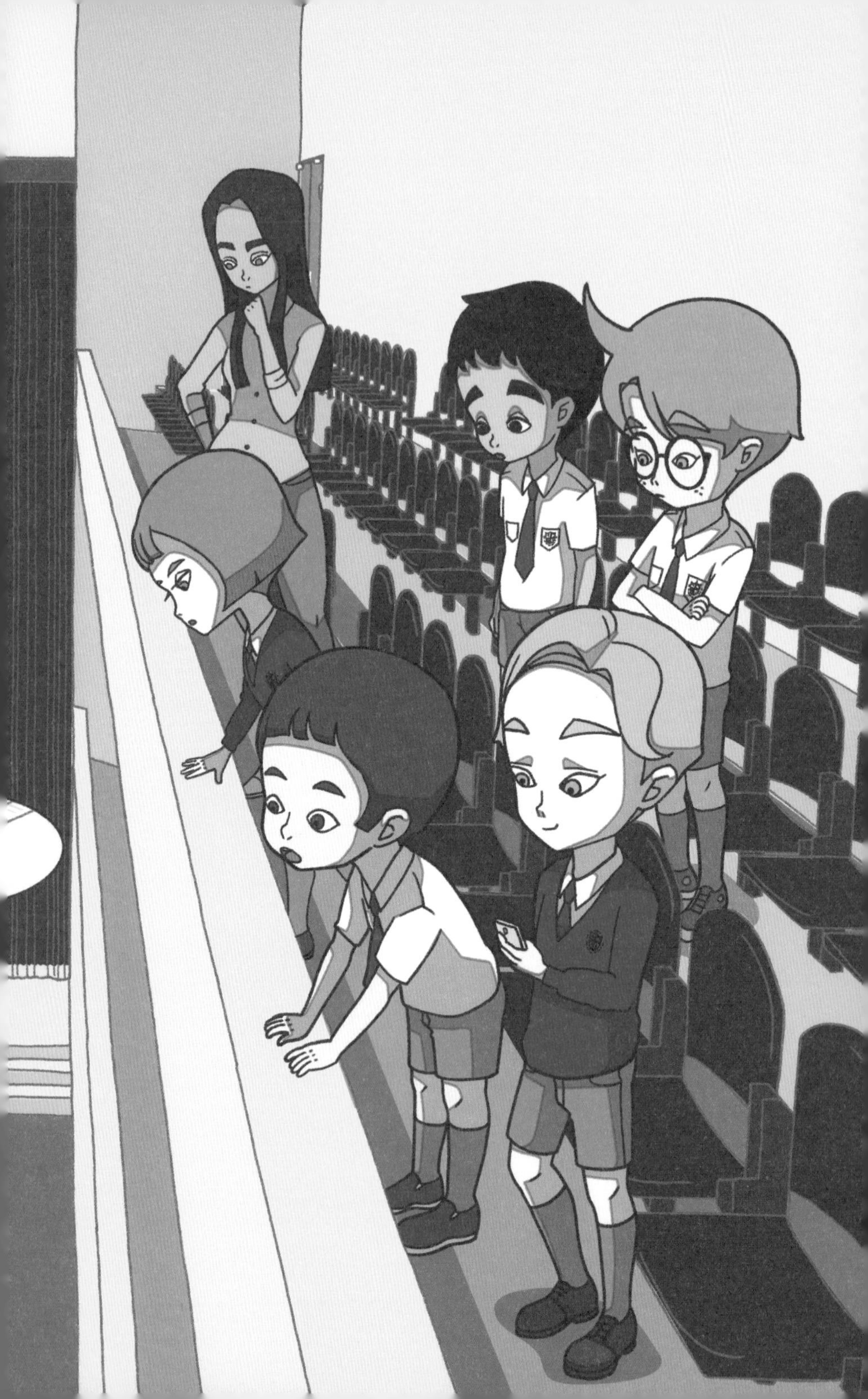

CARNARVON
CARNARVON
CARNARVON

普莉斯汀老師責備凱爾後，繼續上課。

「下一個是俊介。」

俊介以充滿氦氣的氣球讓雞蛋往下降落，但是雞蛋本身沒有任何的緩衝裝置，因此也失敗了。下一位是蘿西，蘿西使用塑膠棒和橡皮筋做成雞蛋的保護裝置，掉落時減少了撞擊力，使得雞蛋沒有破掉。

「雞蛋不破實驗成功的人是蘿西。」

這個時候馬內克洗完手怕回來了，普莉斯汀老師正準備下課。

「普莉斯汀老師，那小子為什麼不用做？」

凱爾面露不滿的表情。

「這堂課要做的實驗，前一週就告訴你們了。車禮祿昨天才到這裡，當然沒有時間準備。」

車禮祿便拿出事先準備的空瓶，並打開蓋子，只見裡面裝滿了食醋。車禮祿把雞蛋放入空瓶，蓋上蓋子後還用膠帶繞了好幾圈。看到這個情景的凱爾忍不住開口。

「哈哈，聽說是被邀請來的，我還以為有多厲害，結果是做這些東西。我看光是一公尺不破都很難，更何況這裡是三樓！」

「車禮祿，真的沒問題嗎？不用做也沒關係的。」

普莉斯汀老師擔心的看著他，蘿西也很緊張。

「對啊！車禮祿，不要有壓力！」

「蘿西，沒問題的。老師，這個實驗一週前就跟大家說了吧！」

「對！」

「我明天會進行雞蛋實驗。」

「哈哈，不會就說不會。」凱爾和俊介大聲的笑了出來。

普莉斯汀老師點點頭。

「好，就照車禮祿說的，明天就讓這個空瓶落地，車禮祿比其他同學準備的時間還短，大家應該沒什麼意見吧！」

凱爾不屑的說：

「好啊！反正都會破掉的。」

馬內克冷靜的說：

「可能不會破。」

凱爾瞪著馬內克說道：

「如果沒有破，我就任你使喚。但如果破了，你就要有心裡準備。」

「同學們，今天的課到此結束。」

凱爾走過去，用肩膀撞了一下馬內克，所有的人都下樓並離開禮堂了。這個時候陽光照進禮堂，照射在高掛的圖坦卡門短劍上，短劍看起來閃閃發亮。

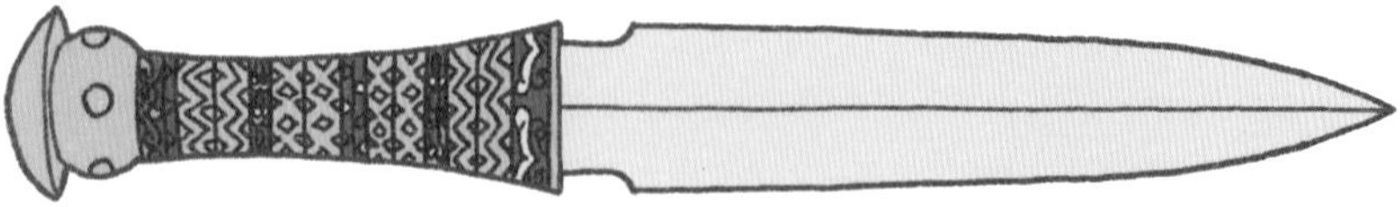

4 憑空消失的法老之劍

語言、歷史、工程等課程都結束了後，其他老師們一下課就離開了學校，只留下普莉斯汀老師和羅迪老師。羅迪和車禮祿跟著普莉斯汀老師，一起前往合作社。

「喔！這邊所有的東西都免費呢！」

羅迪興高采烈地選著想要的東西，車禮祿則在旁邊

跟著他。這時普莉斯汀老師的手機響了，普莉斯汀老師看了一下手機，神色慌張的走出合作社。車禮祿看了一眼普莉斯汀老師的方向，羅迪則是抱著飲料、三明治、巧克力到結帳櫃檯，並把物品都放了上去。

羅迪心情愉悅地哼著歌，看向店員。

「請付現金或出示卡片。」

「咦！不是免費的嗎？」

「只有學生才免費喔！」

「什麼！」

羅迪拍了拍身旁的車禮祿，車禮祿無奈的搖搖頭，拿出學生卡。

店員接過卡片後問：

「都是這個學生要吃的嗎？」

「對，都是他要吃的。」羅迪指著車禮祿。

「喔，就照他說的吧！」車禮祿說著，店員便把卡片還給他。

「這裡只營業到六點，如果你還需要什麼東西就得先買好喔！」

羅迪提著裝滿食物的袋子，離開了合作社。

「禮祿啊，看來以後會常常麻煩你了。」

合作社外，普莉斯汀老師還在專心的講著電話。普莉斯汀老師使用的語言，是車禮祿聽不懂的。

「那是什麼國家的語言？」

「喔！那是阿拉伯語。看來普莉斯汀老師有阿拉伯的血統，難怪她有藍眼睛和黑頭髮，名字也是阿拉伯或埃及那邊常使用的名字，她的父母其中一方應該是那邊的人吧！」

電話結束後，普莉斯汀老師朝著羅迪和車禮祿走過來。

「羅老師，我有一點事要出去，請幫我向校長轉達一聲。」

羅迪因為普莉斯汀老師的離開，似乎有些悶悶不樂。車禮祿陪著羅迪回到教師宿舍後，便回到三樓自己的房間了。

車禮祿在深夜裡沉沉的睡著了，睡在下面床位的馬內克早已入

睡。此時不知道從哪裡傳來金屬摩擦的聲音，車禮祿睜開眼睛看一下，原來是通風口的方向，但很快就沒有聲音了，於是車禮祿又睡著了。

禮堂右邊的建築物一樓是教務處，整棟建築物裡還有教室和科學實驗室，只見羅迪一大早就被威克里夫校長責備著。

「羅迪老師！課程完全沒有準備，要怎麼上課呢？」

「喔，是因為我本來在韓國，突然到這裡的關係。」

「完全沒有可以上課的內容嗎？」

「如果您對梵谷有興趣，我可以講一些這方面的內容……。」

「資優班學生已經學過梵谷相關的課程了。」

這時普莉斯汀老師走了進來。校長說：

「普莉斯汀老師，妳怎麼現在才來？」

「那請你講解圖坦卡門的短劍，我可以提供資料給你。」

校長拍了一下桌子。

「好！這樣就太好了。那就請羅迪老師在有圖坦卡門短劍的禮堂上課吧！」

「好……」羅迪搔搔頭，有氣無力的回答著。

羅迪將教室裡的學生都帶到禮堂了。

「來，準備開始上課了。」

「在我身後的上方可以看到法老的劍吧！這把劍是古埃及法老圖坦卡門的短劍，圖坦卡門生活的青銅器時代，要把鐵加工是很困難的，但令人感到驚訝的是，這把劍不僅是用鐵製造，而且完成時間大約是三千三百年前，到現在竟然沒有一點生鏽的痕跡。」

羅迪轉過身指著法老短劍展示的地方。

「來，看看這把劍……，嗯？」

原本掛在那裡的法老短劍現在消失了。

「你說什麼？」

在教務處裡，校長從他的椅子上站起來、大叫著。

「羅迪老師，請仔細說明剛剛的狀況！」

「剛剛我在上課的時候，才發現劍已經不見了。」

「那是法老的劍，如果不見的話，我們學校可能要關門大吉了。尤其是我們這樣特殊的學校，這麼貴重的文物在此消失，將來誰還會相信我們的學校呢？」

這時普莉斯汀老師走進教務處。

「普莉斯汀老師，這麼重要的時刻，為什麼現在才來呢？聽說昨

CARNARVON
CARNARVON
CARNARVON

天在學校外面過夜？」

「啊，我剛剛在講電話……，發生了什麼事呢？」

羅迪垂著臉，支支吾吾的說：

「那把法老的劍好像不見了。」

「什麼？」

普莉斯汀老師的臉上滿是慌張的表情。

另一頭校長則癱坐在椅子上。

「不管如何我要先報案，等英國國家犯罪調查局的人過來，在那之前任何人都不能出去。」

車禮祿只好和其他的學生坐在禮堂前的草地上。

校門打開了，好幾輛黑色的車子開進來，然後停在禮堂前的升旗臺旁邊。身穿黑色西裝、戴著墨鏡的人陸續下車，從最前面的車子下來的人，仔細的看向車禮祿一行人的方向，並往教務處走過去。

5 尋找犯罪之人

「現在，請跟我說這棟建築物裡面有些什麼人？」

史密斯探員問校長。

「負責管理學生的兩位老師留在宿舍，其他的老師都下班了。」

史密斯探員輪流望著羅迪和普莉斯汀老師，這時教務處的門打開，車禮祿走了進來，他走到羅迪旁邊，校長看著他擺了擺手。

「車禮祿，請你出去，現在在調查嚴肅的事情。」

史密斯探員瞄了車禮祿一眼，開口說：「對啊，小朋友，出去吧！」

羅迪大聲的說：

「不行，他就是找到《在亞爾的臥室》那個孩子啊！」

史密斯探員拿下墨鏡，仔細的看著車禮祿。

「是那個在韓國找到梵谷名畫的孩子？」

「沒錯，就是他！」

「既然如此，就讓他在旁邊看吧！沒關係。」

車禮祿安靜的拿出筆記本，正在使用筆記型電腦的探員對史密斯

探員說：「禮堂的監視器錄影檔案全都拿到了。」

「好，我們看看吧！」

電腦裡，照著圖坦卡門短劍的監視器影像開始播放了。

「這時候劍還在那裡的。」

半夜時分，禮堂裡面突然出現大量的白色煙霧。

「咦！怎麼會有煙呢？」

史密斯探員重新播放一次。大量產生的煙霧，還擋住了監視器的鏡頭。一陣子後煙霧消失，短劍也跟著不見了。

「劍竟然會憑空消失！」

車禮祿小聲的問羅迪：

「博士，請問科學實驗室裡的物品都有監控嗎？」

「當然啊，都有監控著。」

「有一種叫做白磷的物質，請確認一下。」

「白磷？白磷是很危險的物質，只有化學老師可以使用。」

「那位老師在哪裡呢？」

「昨天休假離開學校了，為什麼這麼問？」

「只是想要確認一下白磷的量沒有減少。」

監視器拍攝到的畫面全都確認過了，史密斯探員對校長說：

「當時在學校的人，都需要調查一下他們的身分背景。」

普莉斯汀老師的臉上出現了十分為難的表情，史密斯探員對普莉斯汀老師問道。

「有什麼問題嗎？」

「沒、沒有的。我昨天晚上外出，不在學校。」

史密斯探員用尖銳的眼神看著她。

「所有相關的人員都會調查。」

這時有一名探員走了進來。

「建築物已經徹底的搜尋過了，沒有找到劍。」

史密斯探員點點頭，對身後的人說：

「在校園內到處看看，記得不要離開學校範圍，學校外面已經有好幾位探員在看守著了。」

車禮祿從教務處出來，回到宿舍房間，然後和馬內克一起前去合作社。合作社裡面的桌旁，坐著蘿西、凱爾和俊介。蘿西揮了揮手。

「過來跟我們一起坐吧！」

「怎麼跟賤民同坐一桌啊？」

蘿西看著凱爾，他便閉上嘴巴，蘿西的眼神似乎充滿無法抵抗的

力量。車禮祿對蘿西笑了笑後說：

「沒關係啦！我們坐這邊就好。」

這時，羅迪也進入合作社，並朝著車禮祿那桌走去。

「車禮祿，跟你說的一樣，白磷的量減少了。」

這時有一名探員進入合作社並向大家宣布：

「昨天晚上在學校的人請都到教務處。」

教務處裡，有史密斯探員一行人，還有威克里夫校長、普莉斯汀老師。

史密斯探員坐在椅子上，用鋼筆敲著桌子。

凱爾向史密斯探員走去，指著馬內克大喊著。

「我們當中會偷東西的人只有那個人，那小子就是犯人。」

「什麼？我從來就沒有偷過東西！」

馬內克紅了雙頰，兩隻手揮了揮，覺得很委屈。凱爾繼續欺負馬內克，看不下去的車禮祿說話了。

「馬內克下課之後，都跟我在一起，沒有時間去偷東西。」

凱爾指著車禮祿。

「因為你是共犯，所以才會偏袒他！」

車禮祿氣得不說話，這時史密斯探員的手機響了。

「好，我知道了。」

史密斯探員結束通話後，慢慢的轉向大家說：

「犯人好像找到了。」

校長從座位上跳了起來。

「真的嗎？犯人是誰？」

羅迪對著車禮祿竊竊私語。

「國家犯罪調查局來了以後，果然不一樣！」

「犯人就是普莉斯汀老師。」

「什麼？」

羅迪吃驚的叫了出來，校長和其他人也都嚇了一跳。說平常很照顧學生的普莉斯汀老師是犯人，沒有人會相信的。

史密斯探員站起來說話。

「我和情報局確認了普莉斯汀老師的身分，她的全名是普莉斯汀·穆巴拉克——埃及獨裁者穆巴拉克的孫女。穆巴拉克有兩個兒子，長子阿拉·穆巴拉克是她的爸爸，她昨天外出就是和叔叔伽馬爾將軍見面。現在伽馬爾將軍和他的追隨者為了增強勢力，所以需要圖坦卡門的短劍。」

校長聽了搔搔頭。

「為什麼？為什麼選擇我們學校的象徵物？」

「埃及法老的劍，是一把不生鏽的劍，如果當成他們的象徵，會有很大的號召力。若要與現在的埃及掌權者塞西相抗衡的話，更是需要那把劍。」

校長對著普莉斯汀老師大吼。

「真的嗎？我們學校信任妳並把學生交給妳，妳怎麼能這樣呢？」

普莉斯汀老師低下頭來，幾分鐘後開口說：

「我的叔叔確實是伽馬爾將軍，可是我沒有偷劍。雖然他說只要我把圖坦卡門的短劍帶去給他，他就不會再打擾我，但我沒有把劍偷

走。」

史密斯探員接著說：

「誰會相信妳說的話？為了鞏固家族的勢力，所以需要那把劍，不是嗎？如果有那把劍，追隨者就會更加的效忠吧！」

在一旁看著的車禮祿問了羅迪：

「在埃及發生了什麼事？」

「埃及的獨裁統治者是胡斯尼．穆巴拉克，只要有人違反他的命令，全都會被殺死。二〇一一年二月，在大批民眾示威的力量下，成功的讓穆巴拉克下台，但是埃及依然被軍事政權掌控，後來胡斯尼．

穆巴拉克還被釋放了。」

「那普莉斯汀老師呢？」

「穆巴拉克有兩個兒子，普莉斯汀老師好像是穆巴拉克長子阿拉的女兒。原本胡斯尼．穆巴拉克打算將權力全交給第二個兒子伽馬爾將軍，但沒有成功。穆巴拉克的追隨者也都是支持伽馬爾將軍的人，伽馬爾將軍一定是想利用他的姪女得到這把劍！」

這時站在車禮祿旁、聽著羅迪分析的馬內克走向探員大聲的說：

「普莉斯汀老師絕對不可能做這種事！」

史密斯探員不理會他，用眼神對其他的探員示意，於是兩名探員

جمهورية مصر العربية

一人一邊，抓住普莉斯汀老師的手。史密斯探員問：

「普莉斯汀老師，妳出去是把法老之劍交給伽馬爾將軍吧！」

普莉斯汀老師害怕的全身發抖，此時羅迪走向前。

「那就沒辦法了。」

所有人看著羅迪。

「我只好公開我的推理筆記吧！」

「推理筆記？」

史密斯探員看著羅迪。因為羅迪曾經看過車禮祿做的推理筆記，於是決定自己也要做一份。他從懷中拿出手機，充滿自信的說：

羅迪的推理筆記

人物1：普莉斯汀老師

特徵：漂亮、親切。

絕對不是犯人。

人物2：凱爾

特徵：沒禮貌。

可能會因為無聊而偷東西。

人物3：威克里夫校長

特徵：怕事，常常發脾氣。

他就是犯人，看起來一副犯人樣。

人物4：合作社店員

特徵：對學生親切。

傍晚六點就下班了，不是犯人。

「把所有的事情放在一起看的話，真正的犯人就是他！」

所有的視線都朝著羅迪而去。

「威克里夫校長。」

威克里夫校長正要喝咖啡，此時羅迪大聲的叫著他的名字，威克里夫校長差點向後倒去，咖啡還灑到了他的胸口。

「啊！燙……燙……燙！」

威克里夫校長尖叫著。旁邊的探員趕快遞上毛巾。

「羅迪老師，你在說什麼？我把東西偷走，然後我再報案嗎？」

威克里夫校長一邊把咖啡擦乾，一邊說著。史密斯探員搖了搖頭。

「我們已經確認過，校長沒有踏出家門一步。」

「啊？真的喔？」

威克里夫校長不高興的大吼：

「因為車禮祿的關係，你才能來這裡，現在你馬上去收拾行李，離開學校吧！」

「啊！不要這樣，我會安靜的。」

看著這一切的車禮祿，慢慢的開口：

「劍還在學校裡。」

教務處所有的人都看著他，羅迪走到車禮祿旁邊說：

「車禮祿，不要再說了。」

史密斯探員走近車禮祿。

「你叫車禮祿是嗎？剛剛說的話是什麼意思？」

「圖坦卡門的短劍還在學校。」

史密斯探員懷疑的笑了一笑。

「我們的探員每個角落都仔細找過了，並沒有在學校。」

凱爾朝著車禮祿大叫。

「你偷走的，所以你知道吧！」

車禮祿沒有回答。過了一會兒，理事長走了進來，並沒看蘿西一眼，便走到校長的位子坐了下來，校長走到理事長旁邊。

「啊！理事長。」

「校長，這到底是怎麼一回事呢？」

校長對理事長說明了情況。

「原來如此，所以犯人是普莉斯汀老師，是嗎？」

史密斯探員指著車禮祿。

「那個孩子好像知道劍在哪裡。」

理事長看著車禮祿，史密斯探員接著問車禮祿。

「那麼，劍在學校的哪裡？」

「在宿舍三樓的通風口裡面。」

「三樓的通風口？」

史密斯看著身旁的探員。探員很認真的說：

「我們有檢查過通風口，什麼痕跡都沒有。」

「連通風口裡面都看了嗎？」

「沒有，如果把劍放到裡面的話，應該會被發現啊！」

「那就去看看吧！」

6 白鼠的行走痕迹

車禮祿和馬內克的房裡擠滿了人，探員們挪開床、打開通風口的蓋子，赫伯特理事長和威克里夫校長則站在房間門口。

兩名探員拿出蛇管型攝影機，把它

放進通風口裡，控制攝影機的探員大叫：

「看到了！通風口內彎曲的地方有一把劍！」

凱爾輪流指著馬內克和車禮祿大喊：

「你們的房間有通風口，一定是你們兩個做的事！」

史密斯探員搖了搖頭，看著車禮祿。

「車禮祿，你讓我們知道這件事情，表示應該不是你做的吧？」

馬內克露出一副快哭出來的表情。

「我也沒有偷東西！」

車禮祿點點頭。

「馬內克沒有偷東西。」

史密斯探員看著車禮祿說：

「為什麼這麼說呢？」

「馬內克是從印度來的，因為種姓制度的關係，他唯一能夠翻身的機會就只有讀書。如果這件事是他做的，他就不能讀書了，所以絕對不可能是他！」

「儘管如此，車禮祿和馬內克是使用同一個房間，這兩個學生要帶去調查一下。」

羅迪抓住車禮祿的肩膀。

「車禮祿，快說出實情，如果你也被逮捕，那該怎麼辦？」

車禮祿什麼都沒說，兩名探員準備帶走車禮祿和馬內克，羅迪站了出來。

「等等，我是這兩個孩子的老師，我跟他們一起走！」

普莉斯汀老師也沒有袖手旁觀。

「我也一起走吧！」

「不是我！我說不是！」馬內克大吼著。

看著這一切的理事長搖搖頭說：

「為了培育世界菁英，竟然發生這種事情，學校應該關門了嗎？」

校長急忙的說：

「不是，怎麼會關門呢？拜託不要……。」

馬內克和車禮祿被帶往門的方向，馬內克大聲的哭喊著，原本沉默的蘿西開口了。

「是我。」

史密斯探員回頭看著她，理事長也看向自己的女兒。

史密斯探員走向蘿西。

「妳剛才說什麼？」

「我說，是我做的。」

赫伯特理事長走向蘿西。

「蘿西，別亂說話，就讓他們帶走那些孩子吧！」

史密斯探員看著理事長說：

「就算是擁有大企業的豪門伯爵，也不能介入我們的調查。」

理事長皺起眉頭。

「喔，真的是這樣嗎？我只要打一通電話……。」

「是我做的。」蘿西再次大聲的說。

「妳到底在說什麼啊？」

理事長大吼著。蘿西看著擔任理事長的父親，慢條斯理的說：

「我希望學校關門，我不想住在宿舍，我想跟家人一起生活。」

理事長冷冷的看著女兒蘿西，史密斯探員急著追問：

「蘿西小姐，妳做了什麼？」

蘿西不發一語。

「沒其他辦法了，我們只能把蘿西小姐帶走。」

探員們抓著蘿西的手臂，理事長冷漠的開口：

「放開她的手。」

理事長走向蘿西，抓著蘿西的肩膀，眼睛看著她。

「到底怎麼一回事？快點說出來。」

蘿西不發一語，這時車禮祿向前走了一步。

「這絕對不會是蘿西一個人做的事情。」

凱爾一聽大叫著。

「你在胡說什麼？明明就是你做的！」

俊介也附和著。

「對啊！」

凱爾握緊拳頭準備要揍車禮祿，卻被史密斯探員制止了。理事長以低沉的聲音對車禮祿說：

「車禮祿，說說看，到底是怎麼一回事。」

車禮祿舉起一根手指頭。

「羅迪博士說白磷的量減少了，白磷是製作煙霧彈的必要材料。當蘿西到的時候，白磷的量就已經減少，後來化學老師就休假去了。」

史密斯探員點點頭。

「那天在禮堂出現的就是煙霧，可是那麼高的地方，劍是怎麼被拿走的呢？那天沒有人進去禮堂。」

「只要往監視器照不到的高處移動就可以了。」

史密斯探員睜大眼睛。

「那麼高的地方？連人可以進去的洞都沒有不是嗎？」

「吸入煙霧彈的煙是很危險的，那時的禮堂應該沒有人。」

「到底是怎麼做的啊？」

車禮祿看著凱爾。

「凱爾的無人機！禮堂掛法老短劍的對面，有一個可以讓陽光照射進來的小窗，無人機就從打開的窗戶飛了進去。煙霧瀰漫的時候，把劍弄下來，再讓無人機載出來。」

凱爾大叫：

「可惡的車禮祿，毀了這一切！」

史密斯探員問：

「那劍是怎麼放到那麼小的通風口裡面藏起來的呢？」

「應該是蘿西的白鼠把它帶到裡面吧！牠還常常會把巧克力送到我們這一邊的通風口呢！」

「你是說白鼠用牠小小的嘴巴咬著劍進去的意思嗎？」

「當然是俊介幫了忙。」

俊介不禁向後退了一步。

「不是我！我沒有參與這件事！」

凱爾對俊介大吼：

「你這個忘恩負義的小子！」

史密斯探員問著車禮祿：

「什麼痕跡都沒有，你怎麼知道白鼠把劍藏在那麼深的地方呢？」

車禮祿對羅迪說：

「羅迪博士，俊介在科學實驗室的時候，請您給他硫酸、硝酸和纖維素吧？」

「對啊！那三種東西可以做出硝化纖維。」

「硝化纖維？」

史密斯探員看著車禮祿。車禮祿繼續說著。

「也可以稱為閃光紙，那是魔術師常常使用的一種紙。點火之後

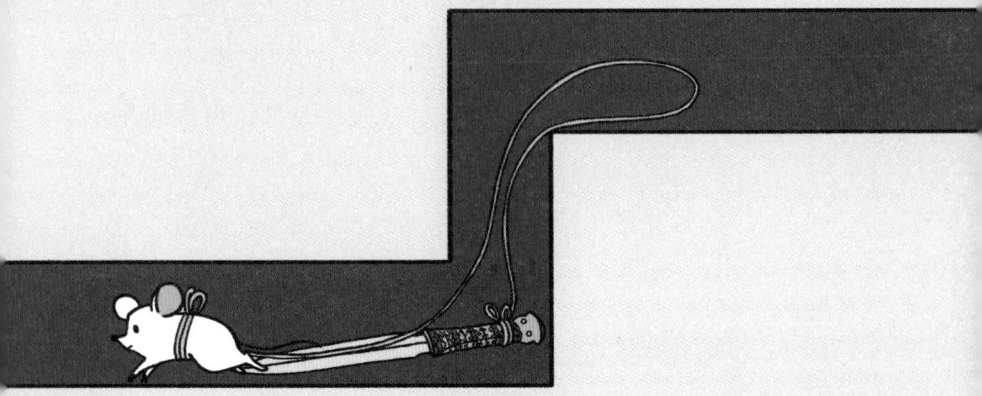

瞬間消失，不留痕跡。」

史密斯探員點了點頭。

「所以呢？」

房裡所有的人看向車禮祿。車禮祿繼續說著。

「俊介把閃光紙做成繩子，長度約為通風口的一半。蘿西把繩子綁在白鼠的身上，另一邊綁在劍柄上，然後把白鼠放到通風口，讓牠往我們的

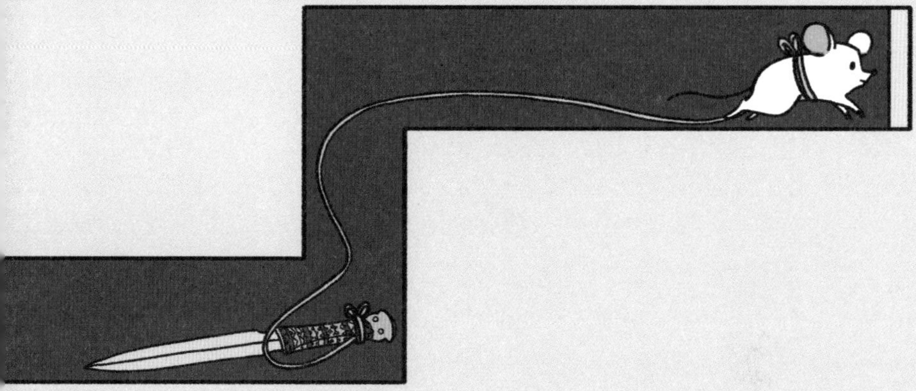

房間移動，這時繩子綁著的劍也就被帶到通風口裡了。」

羅迪大喊：「對，當我們這邊的通風口沒打開時，白鼠就會回頭往蘿西房間的方向移動。這個時候，劍還是留在通風口中間。」

「原來如此！」

史密斯探員點點頭，車禮祿繼續解釋著。

「白鼠回來的時候，蘿西鬆開繩子，然後把通風口內的繩子燒掉，繩子就消失了。」這麼說來，法老短劍的劍柄，應該會有火燒過的痕跡。

探員們繼續操控著微型攝影機，並使用夾子取出通風口裡的劍。

「跟那個學生說的話一樣，劍柄底部有點燒焦。」

史密斯探員驚嘆的看著車禮祿。

「話說回來，你是怎麼知道的？」

「因為劍消失的那一晚，通風口有傳來一些聲音，我很擔心老鼠會來而提心吊膽的。」

史密斯探員一聽不禁點點頭。凱爾大叫著：

「我也想回家和朋友們一起玩啊！」

俊介則低著頭哭了起來。

「嗚嗚嗚——，我也想回日本，這一切都是蘿西指使的！」

一名探員把劍交給史密斯探員，史密斯探員拿出隨身攜帶的黑色袋子，把劍放進去後封了起來。袋子上有一個小的畫面，數字密碼會一直改變，而且與英國國家犯罪調查局的高性能超級電腦連線，這個袋子本身就是個保險箱。史密斯探員對著其他的探員大聲的說：

「東西收拾一下，我們要準備走了。」

史密斯探員對著蘿西說道：

「蘿西小姐，偷東西是犯法的。」

「我有試著要把劍放回去。」

威克里夫校長向前走了一步。

「等等，在學校發生的事情，我們就按照校規來處理吧！而且法老的劍也是我們學校的象徵物啊！」

理事長不發一語，史密斯探員看著理事長。

「參與這個案件的學生，必須受到適當的懲罰。」

理事長嚴肅的對校長說：

「威克里夫校長，蘿西．赫伯特、凱爾．布蘭克費恩、大東．俊介，

這三名學生必須以退學處分。」

校長只好點點頭。

「是、是的。」

理事長繼續說：

「還有，請取消卡那封資優學校的假期特訓班。」

蘿西、凱爾、俊介雖然被退學，卻很高興。凱爾高興的大叫：

「太好了！現在總算可以回家了！」

這時，赫伯特理事長朝著蘿西走過去，以冷冰冰的眼神看著她，蘿西不知道爸爸會對她說什麼。理事長以低沉的聲音對她說：

「妳知道自己做了什麼嗎？」

「我知道，但是我真的有想過，要把劍放回去。」

蘿西不敢直視自己的父親。赫伯特理事長繼續問道：

「那句話是真的嗎？」

「這件事情是妳指使他們做的。」

「對，他們什麼錯都沒有，是我策畫叫他們照做的而已。」

赫伯特理事長沉默片刻，大笑了起來，大家驚訝的看著理事長。

「哈哈哈，果然是我的女兒，竟然主導這麼大的事，如果跟著我學習，一定可以成為很棒的領袖。」

赫伯特理事長用力的抱緊蘿西。

「孩子，怎麼沒有跟爸爸說呢！」

車禮祿看到這一切也笑了，但他同時想起了自己的爸爸媽媽，他們在無人島過得好嗎？

蘿西在爸爸的懷裡放聲大哭，赫伯特理事長握著女兒的手。

「各位，我要和女兒回家了，法老的劍是我們家族第五代卡那封伯爵開始代代相傳，也就是說那是我的東西。總不能說我女兒偷我的東西吧？畢竟我的東西都會是我女兒的。」

「當然，當然，這麼說也是對的。」校長在旁邊搓著手說。

史密斯探員也說話了。

「既然她受到了退學的處分，那我們就不再過問了。至於那把劍，等完成辦案程序後，我們會盡快還給學校的。」

赫伯特理事長牽著蘿西的手離開了房間，車禮祿則是微笑的看她離開。

校長帶著探員們以及師生一行人，回到了教務處，校長突然指著普莉斯汀老師大喊：

「普莉斯汀老師！妳怎麼能隱藏自己的身分？妳竟然是埃及獨裁者的孫女！如果學校被迫關閉，還連累到我的話，該怎麼辦呢？」

普莉斯汀老師覺得很委屈。

「媽媽在讀大學時，才認識來英國讀書的爸爸。那些事情跟我沒關係，我的媽媽可是英國人呢！」

「妳不是說妳見過伽馬爾將軍嗎？從現在開始，妳不能留在學校了，妳被解雇了，而且妳也不能在英國其他的學校工作了！」

羅迪站了出來。

「劍不是她偷的，你為何還要這麼做？」

校長大吼了。

「這件事很快就會傳開來，她是獨裁者的孫女，所以普莉斯汀老

師就是被解雇了！不論她要回埃及或是去哪裡，都與我無關。」

普莉斯汀老師站在孩子們的旁邊，不知道該怎麼辦，馬內克很擔心。校長對史密斯探員一行人說：

「各位探員，為了調查事件都還沒吃午餐，我們去餐廳吧！雖然晚了，但是我們準備了很豐富的餐點。」

史密斯探員搖了搖頭。

「不用了，我們要直接回調查局進行結案。」

「只是孩子們開的玩笑，請你們不要讓這件事被傳開。」

旁邊的探員對史密斯探員說：

「學生們做這件事沒有惡意，就讓它這樣結束吧！」

史密斯探員思考了一下。

「那就這樣吧！」

這時有位探員拿起裝有劍的袋子。

「我拿著袋子吧！」

「不用了，袋子拿來拿去的，反而可能會把東西弄不見。」

校長走到靠牆的保險箱旁邊，很快的按下密碼，保險箱打開了。

「請把東西放到這個保險箱吧！密碼有二十五個數字，而且只有我和理事長才知道。」

史密斯探員看了看保險箱。

「嗯，那就把袋子放在這裡吧！」

校長關上保險箱後，就和探員們一起出去了。羅迪一邊跟著流眼淚、要走回宿舍的普莉斯汀老師，一邊安慰著她。

凱爾一個箭步衝到車禮祿和馬內克面前。

「嘿嘿！我們之間好像還有什麼事情沒解決呢！」

凱爾將握緊的拳頭貼到車禮祿臉邊。

「雞蛋實驗。」

7 成功的雞蛋不破實驗

車禮祿和馬內克、凱爾和俊介往禮堂走去，大家來到禮堂三樓的座位區，角落裡躺著車禮祿昨天把雞蛋放進去的瓶子。凱爾迅速把瓶子拿起來，便往禮堂一樓丟下去，馬內克被他的舉動嚇了一跳。

「怎麼突然這樣丟出去？」

馬內克往下一看，瓶子裡面的液體流出來了。大家都往下移動，凱爾馬上去檢查瓶子，一股很酸的味道飄了出來。

「這是什麼味道？」

凱爾和俊介不禁摀住鼻子。車禮祿拿起瓶子，馬內克看了後說：

「雞蛋沒有破，變成黃色的。」

俊介驚奇的說：

「哦！原來瓶子裡的液體是食醋！」

俊介握緊拳頭打在手掌上。凱爾問他：

「俊介，怎麼會這樣？」

化學天才俊介說明了原因。

「這是使用化學原理的結果，蛋殼裡的主要成分是碳酸鈣，會被醋酸所溶解。」

「泡在濃度高的食醋裡，蛋殼就會融化，而露出裡面的薄膜。」

凱爾抓了抓頭。

「那是怎麼一回事呢？」

旁邊的車禮祿笑著說道：

「蛋殼內側的膜是半透膜，蛋殼裡面蛋清的濃度比食醋還要高，但因為滲透原理，水從濃度低的往濃度高那邊滲透。」

馬內克聽了點點頭。

「所以雞蛋會變成彈力球。」

「對，所以才沒有破掉！」

俊介看著車禮祿，驚訝的說：

「你這小子化學、工程全都懂，不愧被稱為科學天才。」

馬內克開心的大叫：

「車禮祿，你的雞蛋實驗成功了！」

車禮祿對凱爾說：

「凱爾，你過去真的太欺負馬內克了，請跟他道歉。」

凱爾緊握雙拳，盯著地面。

「不用道歉啦！」

凱爾抬起頭來看著馬內克。

「什麼？」

「畢竟這個雞蛋實驗也不是我做成功的啊！」

車禮祿心平氣和的問馬內克。

「這樣你沒關係嗎？」

看著車禮祿的馬內克點點頭。凱爾感覺到自己的內心有什麼東西在上升，雖然想要跟馬內克道歉，但是卻開不了口。

車禮祿和馬內克走出禮堂，朝著餐廳的方向走去。一樓餐廳從玻璃窗往內可以看到探員們正吃著午餐，馬內克問車禮祿：

「普莉斯汀老師怎麼辦？她叔叔會怎麼對付她呢？」

「伽馬爾將軍看起來不會放棄那把圖坦卡門的短劍。」

「老師需要有那把劍，才會平安無事吧？」

「如果把劍交出去，伽馬爾將軍和他的追隨者才不會再對付她吧！可是那把劍被國家犯罪調查局收走了，老師也被趕出校園了。」

「車禮祿，我回房間休息一下，現在沒有什麼胃口。」

車禮祿看了他一下，點點頭。

8 二度消失的法老之劍

車禮祿獨自坐在禮堂前的長椅上，這時聽到羅迪的聲音。

「普莉斯汀老師，這種時候還是要吃飯啊！」

車禮祿轉身看，羅迪正和普

莉斯汀老師往餐廳的方向去。

普莉斯汀老師的臉色看起來不太好。

「車禮祿，怎麼不吃飯呢？馬內克去哪裡了？」

「他說他想要休息，所以回房間了。」

車禮祿、羅迪和普莉斯汀老師一起來到餐廳，他們坐在靠角落的桌子旁邊，校長大聲喊道：

「普莉斯汀老師！妳怎麼還沒離開學校？」

羅迪忍不住上前一步。

「校長，您是不是太過分了？」

「什麼過分？羅迪老師也離開學校吧！」

「什麼？」

「現在沒有假期特訓班了，那就不需要羅迪老師了。」

羅迪跌坐在椅子上，普莉斯汀老師從座位上站了起來。

「我還是走好了。」

羅迪露出擔心的表情。

「妳現在要去哪裡呢？」

普莉斯汀老師對羅迪和車禮祿笑了一笑，就往餐廳外走了出去。

車禮祿看向窗外，有一輛黑色的大轎車開進學校。用完餐的史密

斯探員問著其他探員：

「除了我們，還有誰要過來這裡嗎？」

「沒有，那輛車不是我們的車。」

「那是誰來學校了？大門沒有管制嗎？」

「因為結案了，大家已經撤離，所以目前是開放的。」

探員們和校長一起走到外面。停在升旗臺前面的轎車門打開了，幾位穿著西裝的短髮男子下了車，校長上前詢問：

「請問你們是什麼人？」

從後座下車的男子摘下墨鏡，看著校長。

「我是從埃及來的伽馬爾將軍，我要來帶走我的姪女——普莉斯汀・穆巴拉克。」

「你是說普莉斯汀老師嗎？」

伽馬爾將軍推開校長的肩膀，準備往前走，史密斯探員攔住他。

「憑什麼把她帶走？」

伽馬爾將軍從口袋拿出一張紙，攤開在史密斯探員面前。

「我已獲得英國當局的許可，調查局的探員們請不要插手。」

羅迪和車禮祿走了出來，小聲的說著。

「看來英國當局認為和伽馬爾將軍合作是一件好事。以前拿破崙

將埃及視為殖民地，建造了蘇伊士運河，後來埃及卻成為英國的殖民地。現在英國政府幫助伽馬爾將軍，可能是想再從埃及謀取利益，所以才會允許伽馬爾將軍的作為。」

「那普莉斯汀老師怎麼辦？」

威克里夫校長站在伽馬爾將軍和史密斯探員之間，試著讓雙方冷靜下來。

「我知道了，大家先去辦公室吧！這裡是學校，請不要發生衝突。」

校長室的沙發上，一邊坐著伽馬爾將軍，一邊坐著國家犯罪調查

局的探員，兩組人馬互相對峙。車禮祿和羅迪則站在校長室的一隅。

這時，伽馬爾將軍的兩名部下，一人一邊抓著普莉斯汀老師的手，馬內克也跟著進來。

「請不要為難老師！」

校長揮了揮手。

「既然是來帶普莉斯汀老師的，那就快點帶走她。」

伽馬爾將軍對普莉斯汀老師說：

「普莉斯汀，東西拿到手了吧？我說過我需要那個東西的！」

「那個……」

史密斯探員笑著說：

「你是說法老的劍？那把劍被我們保管了，老師沒有偷走。」

伽馬爾將軍憤怒的看著普莉斯汀老師。

「什麼？他說的話是真的嗎？」

普莉斯汀老師低頭不語，史密斯探員又笑了。

「威克里夫校長，請打開保險箱吧！」

校長按下密碼，打開保險箱。史密斯探員將袋子拿出來。

「怎麼會？」

史密斯探員大叫，旁邊的探員走近他。

「有什麼問題嗎？」

「袋子被打開了！」

史密斯探員驚慌失措。需要透過調查局的超級電腦才能打開的袋子，現在竟然是開著的？而且保險箱還需要二十五個數字的密碼？

伽馬爾將軍拍手大笑。

「太好了，太好了。不愧是我的姪女，東西有好好拿著吧？」

羅迪在車禮祿的耳邊竊竊私語。

「怎麼會這樣？」

車禮祿拿出筆記本，看著記錄在上面的內容。

車禮祿的推理筆記

嫌疑人 1
普莉斯汀老師

見過叔叔伽馬爾將軍，
被強迫把劍偷走。

嫌疑人 2
伽馬爾將軍

得到英國政府的協助。
有許多追隨者服從
他的命令。

嫌疑人 3
威克里夫校長

可以任意進出校園所有地方，常常露出不安的表情。

嫌疑人 4
馬內克

和同學格格不入，
常常獨自行動。
喜歡普莉斯汀老師。
是一位數學天才。

「啊！」

車禮祿驚呼一聲，吸引了大家的目光，但他又若無其事的收好筆記本。校長對著車禮祿大叫：

「車禮祿！這麼重要的時刻你在做什麼？請安靜！」

趁著眾人不注意，羅迪小聲的問車禮祿。

「怎麼了嗎？」

「我忘了這裡有一個數學天才。」

「你是說馬內克把劍偷走了嗎？」

車禮祿點點頭。

「威克里夫校長雖然很快的按下保險箱的密碼，但馬內克在那個時候立刻把密碼背了下來。所以他可以打開保險箱，然後把袋子和電腦連線。」

「不是說需要用超級電腦才能破解嗎？超級電腦在哪裡？」

「馬內克就是超級電腦！他自己使用筆記型電腦，解開了袋子的密碼，他應該把劍交給普莉斯汀老師了。」

羅迪聽得目瞪口呆，可是有一件事他還是感到很困惑。

「車禮祿，你認為馬內克為什麼把劍交給普莉斯汀老師？」

「馬內克很擔心普莉斯汀老師，因為馬內克是賤民，在自己的國

家吃盡了苦頭，大家都無視他們，即使在這個學校也是如此，但只有一個人對他很好，那個人就是普莉斯汀老師。」

車禮祿一說完，羅迪恍然大悟的拍了自己的膝蓋。

「他以為把劍給了普莉斯汀老師，伽馬爾將軍就不會欺負她了。」

「對，就是這樣。」

這時史密斯探員對著一名女性探員使了個眼色，女探員走近普莉斯汀老師，伽馬爾將軍的部屬出面攔著。同時有另一位部屬走了進來，摀住嘴巴跟伽馬爾將軍講悄悄話，伽馬爾將軍笑著對部屬說：

「讓她調查吧！」

伽馬爾將軍的部屬退到一旁，讓女探員對普莉斯汀老師搜身。搜身之後，女探員看著史密斯探員搖了搖頭。

「妳把劍拿去哪裡了？」

史密斯探員看著普莉斯汀老師。普莉斯汀老師覺得很委屈。

「我真的有想要放回去，但是在來歸還的途中，被伽馬爾將軍的部屬搶走了。」

史密斯探員又問普莉斯汀老師。

「劍是怎麼拿出來的？」

普莉斯汀老師沒有回答，於是史密斯探員指著伽馬爾將軍一行人

說：「現在劍消失了，你們也不能離開學校。」

伽馬爾將軍用銳利的眼神看著史密斯探員。

「我想來就來，想走就走。我是埃及人，而且帶著許可文件，你們不能隨便抓我。」

探員們和伽馬爾將軍的部屬互相對視，而伽馬爾將軍靠在沙發上微笑著。過了一陣子，伽馬爾將軍開口了。

「好，來搜身吧！如果搜身沒有問題，我們就馬上離開。」

探員們對伽馬爾將軍和他的部屬進行了搜身，這時車禮祿對羅迪輕聲的說了一些話。

「博士，科學實驗室裡有漆包線嗎？」

「科學實驗室裡各種電線都有。」

「科學實驗室的鑰匙，借我用一下。」

「為什麼？」

「法老的劍並沒有被那些追隨者帶在身上。」

「什麼？」

羅迪假裝用雙臂摟住車禮祿，把鑰匙給了他，車禮祿快速的走了出去。

變身成大磁鐵的升旗桿

伽馬爾將軍和他的部屬已搜身完畢，但都沒有找到法老的劍，這時有一名探員走回校長室。

「史密斯探員，他們的車上也沒有。」

史密斯探員搖搖頭。

「既然沒有他們偷走劍的證據，只能讓他們離開了……但是要逮

捕普莉斯汀老師，因為她剛才承認有拿走劍。」

伽馬爾將軍站起來，朝著普莉斯汀老師看了一眼。

「我不需要妳了，妳也不聽我的指令，只好去調查局受苦了。」

「你不是應該對老師好一點嗎？」

馬內克突然大聲的說話。普莉斯汀老師則摟著馬內克。

「馬內克，老師不會有事的。」

伽馬爾將軍對著馬內克大喊：

「吵死了，你在說什麼？到此為止吧！」

調查局探員們只能跟在伽馬爾將軍一行人的後面，走到門口時，

伽馬爾將軍轉過身，笑著對史密斯探員說：

「不用送了啦！」

伽馬爾將軍和他的部屬朝著停在禮堂前升旗臺旁邊的車走去，可是車禮祿卻站在升旗臺旁邊，伽馬爾將軍揮了揮手。

「小朋友，滾開吧！」

「如果我說有人把劍偷走了，你可以逮捕他嗎？」車禮祿回應著。

史密斯探員回答：

「要有證據才可以啊，可是剛才已經搜身過那些追隨者，沒有找到劍啊！」

「不是追隨者，探員中有一名是犯人。」

「什麼？」

所有人都很驚訝的看著車禮祿，伽馬爾將軍則是看起來很急迫的趕著上車，史密斯探員馬上攔住他並大喊：

「車禮祿，探員中誰是犯人，你說吧！」

「這我就不知道了。」

「什麼？」

伽馬爾將軍用手扶著頭笑了出來。車禮祿看了周圍的人大喊：

「在場的人有使用人工心臟起搏器嗎？」

探員們搖搖頭。

「沒有。」

伽馬爾將軍搖搖頭。

「莫名其妙講什麼人工心臟起搏器？問這個根本浪費時間。」

車禮祿舉起手來。

「好吧！那我就來揭開真相了。」

羅迪一看，剛才車禮祿問的漆包線纏繞在旗桿上，車禮祿比了個暗號，凱爾和俊介正在建築物裡看著。

凱爾一點頭，俊介就按下連接漆包線的電源開關。那一刻，一

股電流沿著漆包線流向了旗桿，而纏著旗桿的漆包線產生了強烈的磁場，旗桿變成一個巨大的磁鐵。

那一瞬間，羅迪的腰帶頭被拉了出去，跟他一起在旗桿旁邊的探員，從他的衣服裡面有什麼東西跑了出來，是法老的劍。旗桿因為變成大磁鐵，所以法老的劍在那一瞬間被吸了出來。

「是法老的劍！」

原來持有法老之劍的探員是搜身伽馬爾將軍的那一位。他剛剛假裝在搜身，其實是趁大家不注意，把劍藏在自己的衣服底下，等伽馬爾將軍準備要上車時，再偷偷的把劍交給他。

史密斯探員大喊：

「天啊！我們的人當中有間諜，逮捕他！」

史密斯探員戴上防電絕緣手套，想把被吸住的劍拿下來，但是劍卻牢牢的吸附在旗桿上，拔不下來。車禮祿再次比了暗號，電流才被切斷，這時劍才從旗桿上掉下來。

史密斯探員拿著劍大叫：

「這是法老的劍，把他們全部都逮捕！」

藏劍的探員和伽馬爾將軍的部屬當場被逮捕，伽馬爾將軍試圖反抗，但是探員們很快抓住了他。史密斯探員也掌握到藏劍探員的資料，

他是埃及前總統穆巴拉克的擁護者。

伽馬爾將軍和他的部屬，還有身為間諜的探員，全被押上車送往調查局，史密斯探員則把留在現場的人帶到校長室。

「老師，原本被妳拿的劍怎麼會落到伽馬爾將軍手裡的？」

「我是要把劍放回校長室，

CARNARVON

沒想到在途中碰上伽馬爾將軍的部屬。」

史密斯探員點點頭。

「我知道了，既然是妳偷的，我只能逮捕妳了！」

站在後面的馬內克大喊：

「不是的！不是老師偷的！」

普莉斯汀老師攔著馬內克。

「馬內克，你安靜！」

「是我從袋子裡偷的，老師看起來很需要那把劍，所以我才給她的，真的是這樣，老師只是要放回去而已。」

史密斯探員點點頭。

「果然是這樣，馬內克是數學天才吧！關於電腦的使用能力也很傑出，我看過你的資料，也猜到大概是這麼一回事。」

史密斯探員看著普莉斯汀老師說：

「妳真的是一位很珍惜學生的老師，為了保護學生才沒有揭發這件事。」

「真的是一位很了不起的老師！不是嗎？校長！」

羅迪向前站了一步。校長瞪著看羅迪，對馬內克大喊。

「馬內克，馬內克你也被退學了！」

馬內克流下了眼淚，也點頭接受了。

「好，既然是我做的事，當然要接受懲罰。」

普莉斯汀老師緊抱著哭泣的馬內克。

「馬內克，謝謝你為老師做的事情。」

「不，我錯了。」

史密斯探員問車禮祿：

「你怎麼知道我們的探員中有穆巴拉克的追隨者？」

「當我看到伽馬爾將軍露出微笑時才確定的，全部的人裡面，只有調查局的探員不會被搜身。」

史密斯探員點點頭。

「對了，你到底用了什麼魔法找到法老之劍的？」

車禮祿用手向上指了指。

「圖坦卡門的短劍是從宇宙來的。」

「從宇宙來的？」

「法老的劍是在三千三百年前製造的，那時還是青銅器時代，並沒有煉鐵的技術，哪來有鐵可以做劍呢？祕密就是從天而降的隕石了，圖坦卡門的劍沒有一點生鏽的痕跡，因為是用隕石做的。」

「隕石？」

羅迪彈了一下手指。

「對啊！古埃及人的天空之神叫做荷魯斯，他的頭長得很像老鷹。天空被認為是神聖的，所以從天上來的東西就被當成是神給的禮物了！」

「他們用隕石中的鐵製成了一把劍，再送給他們視為神的法老。用隕石做成的刀刃不會生鏽，是因為其中含有大量的鎳，刀刃中鎳和鈷的比例與隕石相似。」

羅迪點點頭，轉向大家說道。

「車禮祿說的一點也沒錯，不久之前，學者們研究了圖坦卡門的

短劍，距離埃及紅海二千公里內發現的隕石中，有一顆被稱為『哈里杰』的隕石和劍的成分很相似。」

校長室內所有的人點了點頭。

車禮祿繼續說：

「圖坦卡門的短劍，它的刀刃帶有鐵、鎳和鈷三種成分。所以用凱爾的無人機在旗桿繞上漆包線，再讓電流通過，就變成了電磁鐵。」

史密斯探員發出讚嘆的聲音。馬內克驚訝的問道。

「凱爾借給你無人機？」

凱爾不耐煩的叫道。

「車禮祿，你要的東西我借你了，現在我們互不相欠了！」

車禮祿笑了。馬內克帶著感謝的神情看著凱爾，凱爾假裝沒有看到。史密斯探員拍著手說：

「伽馬爾將軍是利用搜身的時候，把劍交給探員了。」

「是的，強大的電流把藏在衣服裡的東西吸出來了。」車禮祿說。

「原來你是用科學原理找到了法老的寶劍！可是為什麼要問誰有人工心臟起搏器呢？」

「人工心臟起搏器如果放在強力的電磁場旁邊，可能會發生故障，為了避免發生緊急情況，才會先問的。」

「真是了不起！」

眾人紛紛讚嘆不已。凱爾笑著搖搖頭，馬內克很高興普莉絲汀老師不會被逮捕了。羅迪因為車禮祿表現得如此出色，露出以他為傲的表情。

校長走近了羅迪。

「事情能夠圓滿解決真是太好了，現在我們不需要羅迪老師了，請去整理行李吧！」

「唉呀！」

羅迪一聽露出快哭出來的表情。

後記

車禮祿和羅迪出發前往英國國際機場，搭上了回家的飛機。

「唉呀！找到了工作卻上班不到一星期。」

坐在羅迪旁邊的車禮祿，拍了拍他的肩膀。

「就當作是去英國玩吧！還搭了飛機，多好啊！」

「你個子小，搭經濟艙很舒服，我是很不舒服啊！」

飛機起飛不久後，羅迪就睡著了，這時有人拍了拍他的肩膀。

「哼哼，我剛剛睡著了，是誰拍我的肩膀？車禮祿！」

車禮祿指著他的旁邊，普莉絲汀老師和馬內克笑容燦爛的站著。

「咦！普莉絲汀老師？我是在做夢嗎？」

羅迪擦擦口水，眨眨眼睛，坐直身體。車禮祿問普莉絲汀老師。

「老師，您怎麼搭這班飛機呢？」

「對啊！車禮祿，我們也要去韓國。」

羅迪立刻擺出酷酷的表情。

「請問普莉絲汀老師是為了跟我見面嗎？」

普莉絲汀老師笑著回答。

「我要去韓國的大學，有間學校要聘請我當副教授。」

「哇！這麼快就找到工作了！」

羅迪聽了很驚訝，車禮祿點一點頭。

「對啊！跟某位文化遺產專家不一樣呢！」

「車禮祿，請安靜！」

車禮祿不理羅迪的話，又問馬內克。

「馬內克，你呢？」

馬內克抓抓頭笑著回答。

「下學期開始，我將成為普莉絲汀老師所在大學數學系的資優生。」

普莉絲汀老師輕輕的點頭。

「那麼，我們韓國見了喔！」

「好啊！好啊！有需要什麼隨時找我！」

「沒問題，謝謝！」

普莉絲汀老師和馬內克往頭等艙去。車禮祿對羅迪說。

「她看來好像不需要什麼東西。」

「咳咳——」

羅迪再次躺了下來，對車禮祿開口：

「對了，上次維多飯店展廳失火的事，你是怎麼知道的？」

「碎念十三號的眼睛有安裝攝影機，它把影像傳輸到我的眼鏡上，連聲音都很清楚。」

車禮祿按下眼鏡旁邊的小按鈕。

「咦！有這種裝置嗎？」

「對，它是透過人造衛星傳輸的。現在也可以透過碎念十三號的眼睛，看到博士的家呢！」

「喔！應該沒有小偷跑進去吧？」

車禮祿的背靠在座位上，看著眼鏡裡的畫面。

「怎麼了？有什麼事嗎？」

「我看到爸爸媽媽了，好想快點回去喔！」

「等等，碎念十三號不是在我家嗎？你去無人島的爸爸媽媽怎麼進去我家的？是不是你讓那個嘮叨的機器人，打開我家的門？」

羅迪打算追根究柢的問。

車禮祿露出了猶豫的神情。

「其實……」

「其實什麼？」

「我本來不想說這個，但我看到博士的母親在旁邊。」

「什麼？我媽媽？真的是那個碎碎念看到的嗎？啊！我不想回家了。」

羅迪哭喪著臉，而他搭的飛機正飛往仁川國際機場。

車禮祿解開謎團
最關鍵的科學知識

電流附近會產生磁場。將電線纏繞在圓柱形鐵芯上，製作成電磁鐵。電流通過電線時，會產生磁場，如果切斷電源，磁場就會消失。如果把指北針放在電磁鐵旁邊，接通電流後再切斷的話，可以看到指北針轉動後，又回到原來的位置。

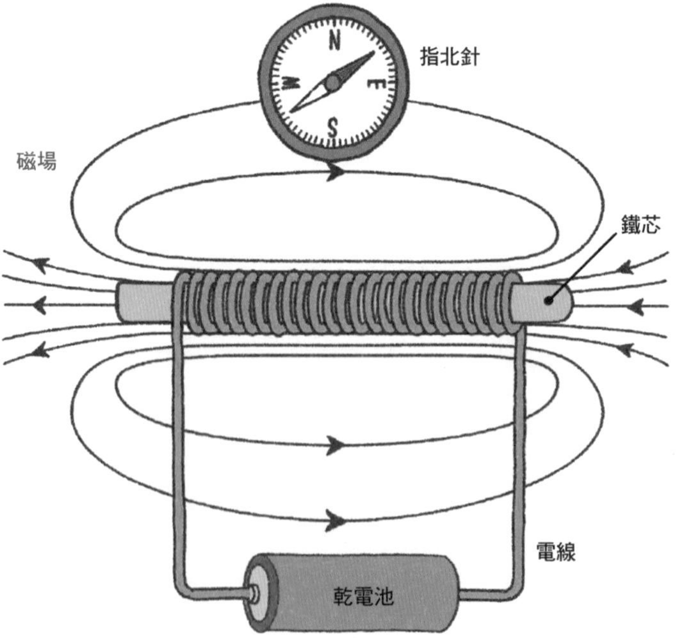

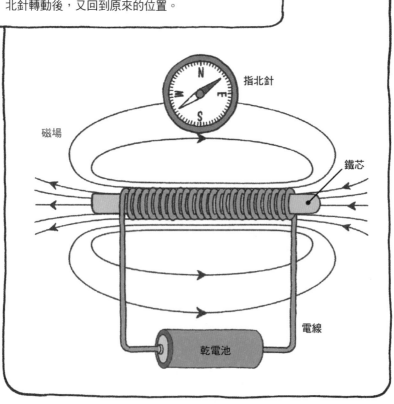

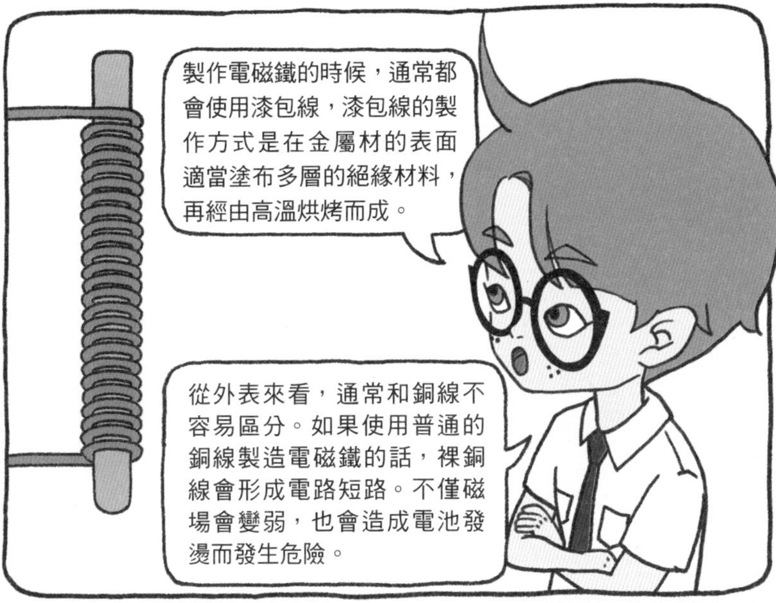
製作電磁鐵的時候，通常都會使用漆包線，漆包線的製作方式是在金屬材的表面適當塗布多層的絕緣材料，再經由高溫烘烤而成。
從外表來看，通常和銅線不容易區分。如果使用普通的銅線製造電磁鐵的話，裸銅線會形成電路短路。不僅磁場會變弱，也會造成電池發燙而發生危險。

如果要讓漆包線做成電磁鐵的磁場更強的話，有以下三種方式：
1. 使用細的漆包線。
2. 繞更多的漆包線。
3. 以更強的電流通過漆包線。
使用乾電池做電磁鐵的時候，乾電池要串聯好幾個，這樣磁場會更強。

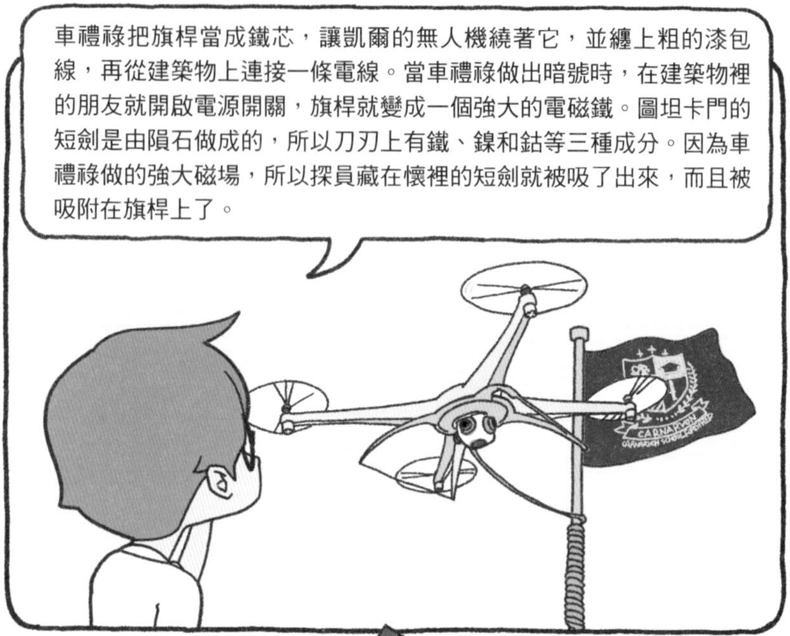
車禮祿把旗桿當成鐵芯，讓凱爾的無人機繞著它，並纏上粗的漆包線，再從建築物上連接一條電線。當車禮祿做出暗號時，在建築物裡的朋友就開啟電源開關，旗桿就變成一個強大的電磁鐵。圖坦卡門的短劍是由隕石做成的，所以刀刃上有鐵、鎳和鈷等三種成分。因為車禮祿做的強大磁場，所以探員藏在懷裡的短劍就被吸了出來，而且被吸附在旗桿上了。

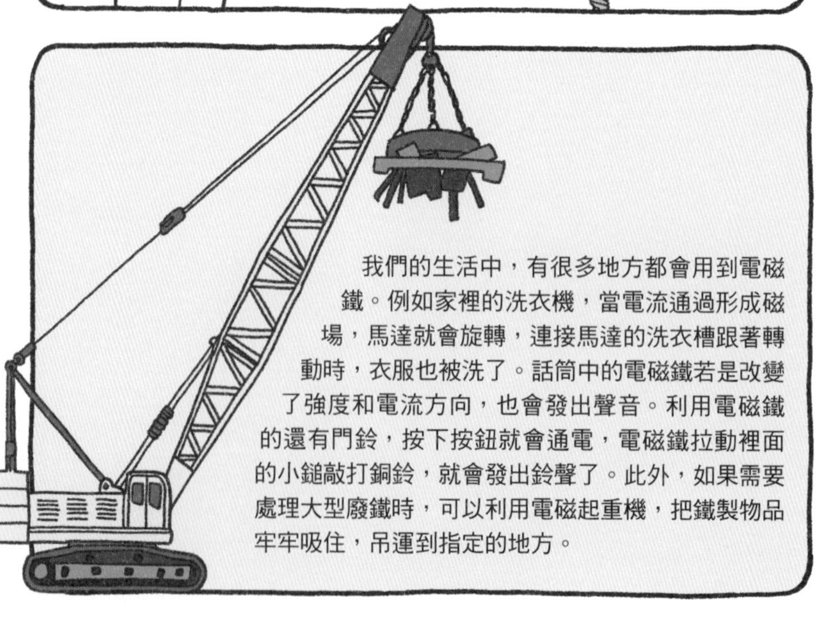
我們的生活中，有很多地方都會用到電磁鐵。例如家裡的洗衣機，當電流通過形成磁場，馬達就會旋轉，連接馬達的洗衣槽跟著轉動時，衣服也被洗了。話筒中的電磁鐵若是改變了強度和電流方向，也會發出聲音。利用電磁鐵的還有門鈴，按下按鈕就會通電，電磁鐵拉動裡面的小鎚敲打銅鈴，就會發出鈴聲了。此外，如果需要處理大型廢鐵時，可以利用電磁起重機，把鐵製物品牢牢吸住，吊運到指定的地方。

第四冊再見了

故事館 021

科學天才小偵探 3：法老之劍的失蹤事件

꼬마탐정 차례로 카나본 영재 학교와 파라오의 검

作　　者　金容俊 김용준
繪　　者　崔善惠 최선혜
譯　　者　吳佳音
語文審訂　張銀盛（臺灣師大國文碩士）
責任編輯　李愛芳
封面設計　張天薪
內頁設計　連紫吟．曹任華

出版發行　采實文化事業股份有限公司
童書行銷　張惠屏．侯宜廷．林佩琪．張怡潔
業務發行　張世明．林踏欣．林坤蓉．王貞玉
國際版權　鄒欣穎．施維真．王盈潔
印務採購　曾玉霞．謝素琴
會計行政　許俽瑀．李韶婉．張婕莛
法律顧問　第一國際法律事務所　余淑杏律師
電子信箱　acme@acmebook.com.tw
采實官網　www.acmebook.com.tw
采實臉書　www.facebook.com/acmebook01
采實童書粉絲團　www.facebook.com/acmestory

ISBN　978-626-349-292-9
定　　價　340 元
初版一刷　2023 年 6 月
劃撥帳號　50148859
劃撥戶名　采實文化事業股份有限公司
104台北市中山區南京東路二段95號9樓
電話：(02)2511-9798　傳真：(02)2571-3298

國家圖書館出版品預行編目資料

科學天才小偵探 . 3, 法老之劍的失蹤事件 / 金容俊作 ; 崔善惠繪 ; 吳佳音譯 .-- 初版 .-- 臺北市 : 采實文化事業股份有限公司 ,2023.06
176 面 ; 14.8×21 公分 . -- (故事館 ; 21)
譯自 : 꼬마탐정 차례로 카나본 영재 학교와 파라오의 검
ISBN 978-626-349-292-9(平裝)

1.CST: 科學 2.CST: 通俗作品
307.9　　112006412

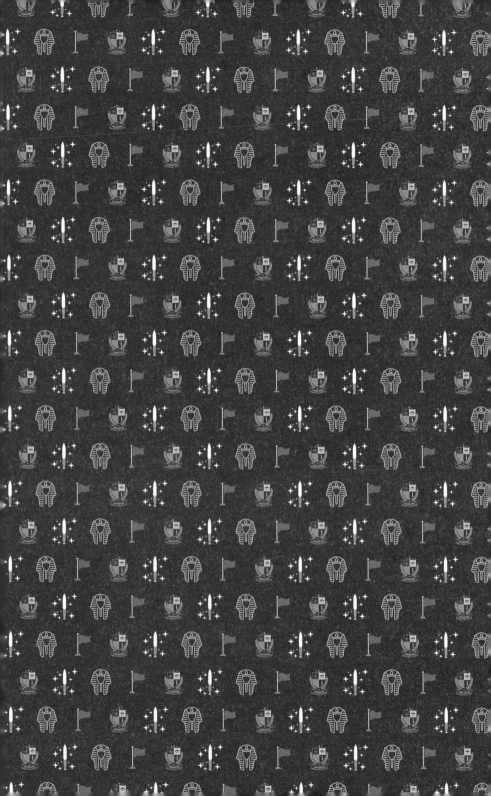